L'ANNÉE CYNÉGÉTIQUE

OUVRAGES CYNÉGÉTIQUES
du même auteur.

———

Tablettes d'un chasseur............ 3 fr.

Le livre du chasseur............... 6 fr.

La chasse au gabion............... 1 fr.

Mémoires d'un fusil............... 3 fr.

La vision de Saint-Hubert.......... 1 fr.

Chasses de mer et de grèves......... 3 fr. 50

Le guide du chasseur............... 3 fr. 50

La vie Rustique................... 3 fr. 50

La chasse au marais............... 3 fr. 50

L'année Cynégétique.............. 2 fr.

L'ANNÉE CYNÉGÉTIQUE

CALENDRIER DU CHASSEUR

PAR

CHARLES DIGUET

PARIS

E. DENTU, ÉDITEUR

LIBRAIRE DE LA SOCIÉTÉ DES GENS DE LETTRES

3, PLACE DE VALOIS

1889

Tous droits réservés

MAISONS RECOMMANDÉES

LA BELLE JARDINIÈRE : 2, rue du Pont-Neuf.

C'est là que le chasseur trouvera des vêtements complets de toutes formes, solides et tous les objets d'équipement; moins chers et mieux confectionnés que partout ailleurs.

FAYS; 4, rue Chérubin — Bottes et bottines de chasse.

Propriétaire unique de *l'enduit Evrat* qui rend les chaussures imperméables contre l'eau et l'humidité.

EMILE HERRY — REMY SUCCESSEUR.

4, place Crombez à Tournai (Belgique), Maison spéciale dépositaire de la fabrique norwégienne de John Wéiman, notamment pour le veston en peau de chevreau vêtement de premier ordre pour la chasse d'hiver. Ce vêtement imperméable très léger ayant les propriétés hygiéniques que ne possède pas le caoutchouc est inappréciable pour la chasse au marais.

Bottes de hollande particulièrement recommandées pour la chasse au marais.

AUX CHASSEURS.

—

Il ne faudrait point conclure du titre L'ANNÉE CYNÉGÉTIQUE *que cet opuscule ne consigne que des faits accomplis.*

Tout au contraire, L'ANNÉE CYNÉGÉTIQUE *est comme l'historiographie des douze mois du Calendrier Grégorien au point de vue de la chasse.*

En rédigeant ces notes succinctes, nous avons voulu donner un aperçu des chasses des gibiers et des occupations de chaque mois, indiquant ainsi à nos jeunes confrères ce qu'ils peuvent faire pendant chacune de ces étapes. Ces notes sont une réponse générale aux nombreuses lettres qui nous sont adressées, nous questionnant sur les époques déterminées pour la poursuite de tel ou tel gibier.

Nos correspondants verront par ce petit précis qu'il n'est guère de saison absolument ingrate pour les amateurs de la vie en plein air.

L'ANNÉE CYNÉGÉTIQUE est donc en quelque sorte, le tableau comparatif du gibier se spécialisant un peu chaque mois. Aussi pensons-nous que notre travail pourra ne point être inutile à nos confrères en Saint-Hubert.

C. D.

L'ANNÉE CYNÉGÉTIQUE

(CALENDRIER DU CHASSEUR)

—

SEPTEMBRE — OCTOBRE — NOVEMBRE

Les chasseurs, pour la plupart gens de bonne vie et mœurs et de santé florissante, — si l'on excepte les rhumatismes qui sur le tard viennent rappeler les stations prolongées dans les marais et les brumes pénétrantes des journées d'hiver, — les chasseurs, dis-je, sont affamés de la vie en plein air. Que le soleil brûle les guérets, qu'il pleuve, qu'il vente ou qu'il neige chaque jour offre aux disciples de saint Hubert une source de plaisirs nouveaux et variés aussi se gardent-ils de rester oisifs.

Il y a sans doute des jours maigres et des jours gras comme aussi une période de carème, mais cette période à tout prendre, ressemble à de modestes quatre-temps, et encore y a-t-il des dispenses, comme dans l'Eglise, qui permettent de les retourner, en sorte que si on ne fait point ripaille on a au moins un peu de beurre à mettre sur son pain. Ce sont les bêtes nuisibles à détruire, les oiseaux de rapine à fusiller, les oiseaux de passage à reconnaître à leur débarquement: tout un petit casuel pour entretenir l'activité.

Les friands de promenades champêtres n'ont donc point trop à se plaindre. Pour ceux auxquels les dieux ont créé des loisirs, la vie rustique avec toutes ses variantes n'est pas dépourvue d'agrément.

Quant à la grande saison de la chasse, elle commence avec le mois de septembre et dure jusqu'à la fin de novembre. C'est pendant ce trimestre qu'elle bat son plein. Chasse en plaine, chasse au bois, chasse au marais : les trois maîtres rameaux du grand arbre sous lequel le chasseur vit les meilleures journées de son existence.

En septembre, l'aurore de la campagne cynégétique, c'est la plaine qui contient toute la provende après laquelle on a soupiré pendant six mois supputant les chances de bonne éclosion des couvées soumises aux rigueurs de la saison et à une foule d'accidents causés par l'inclémence du temps. A mesure que les moissons tombent et livrent à l'examen la plaine dénudée on cherche à se rendre compte des résultats

de l'incubation. D'année en année les dé-
boires fustigent les espérances enthousias-
tes si vite conçues. Si le printemps a été
pluvieux, si par malheur il y a eu des inon-
dations, le travail si intéressant de la première nidification se trouve en partie détruit et les aimables petites mères, pous-
sées par l'instinct providentiel qui veille à
ce que les espèces se perpétuent, ont re-
commencé leur labeur maternel. Mais ce
recoquetage tardif a diminué nécessaire-
ment le nombre des compagnies sur lesquelles on comptait ; de plus, ce regain tard
venu fournit peu d'individus sur l'aile au
moment où on leur déclare la guerre. Triste
butin pour le chasseur, piètre coup de fusil.

Notons aussi que la perdrix a modifié
sensiblement ses mœurs depuis la multi-

plication des prairies artificielles. Elle avait autrefois la bonne habitude d'établir son nid dans les blés et les orges, ce qui provenait d'un sentiment conservateur puisque l'incubation avait tout le temps de se faire dans d'excellentes conditions au milieu de ces espèces de taillis de haute paille qui ne tombaient que lorsque toute la petite famille était élevée. Au lieu de cela, dès les premiers jours d'avril elle se jette dans les prairies plus ou moins drues lui présentant un abri momentané plus sûr; malheureusement ce sont là des pièges non voulus, mais aussi dangereux que s'ils étaient organisés en vue de la perdre. La plupart du temps, elle y voit la faux détruire ses espérances maternelles quand elle n'y trouve pas elle-même la mort. Les plaines de grandes cultures couvertes de céréales jusqu'à la fin d'août sont appelées à nous conserver ce gallinacé, la joie du tireur et le plus bel ornement de nos chasses au chien d'arrêt.

Lorsqu'un printemps trop pluvieux a empêché de créer aussitôt qu'il conviendrait ces prairies artificielles — c'est ce qui est arrivé deux années de suite, — la perdrix pressée du besoin de pondre, n'ayant point vu poindre le plus petit brin de verdure, se jette dans les blés, son plus sûr abri, et alors, en ces années là, on remarque que les couvées sont plus nombreuses et les perdreaux plus forts.

La perdrix rouge succombe par d'autres motifs : d'abord les défrichements successifs l'ont éloignée de certaines contrées où nous avions coutume de la voir autrefois :

puis la facilité que l'on a à anéantir une compagnie entière par les temps lourds lorsqu'elles se lèvent une à une dans une remise ont singulièrement contribué à la rendre plus rare. Quant à son acclimatation ou plutôt à sa réintégration sur plusieurs points qu'elle a délaissés, elle ne nous paraît pas aussi difficile qu'on pourrait le penser, et nous nous étonnons qu'on n'y ait point encore travaillé. Sa nidification instinctive la sauvegarde des dangers qui assaillent la grise ; et partout où il y a des collines pierreuses et des bois elle réussirait.

Quoi qu'il en soit du plus ou moins d'abondance, les perdrix des deux espèces sont la gloire de nos guérets et de nos vallons pendant le premier mois d'ouverture. Avec la caille qui, elle, a accompli beaucoup plus tôt son œuvre de reproduction et n'a pas encore commencé à se replier vers le midi elles forment le principal objectif du chasseur. Celui-ci aidé du chien d'arrêt dont ce sont les grandes assises, raccourcies d'année en année hélas! entre de plein pied en chasse désireux de faire voler la plume.

Le lièvre, il le rencontre, mais ne le cherche point. Plus tard, alors que les quelques remises debout aux premiers jours de l'ouverture se montreront plus clairsemées, que la caille aura commencé sa migration, que les compagnies de perdreaux décimées n'offriront que rarement l'occasion de les aborder, il cherchera à le houspiller dans les chaumes en bordure de bois et dans les taillis. Dans les premiers jours de septembre au reste, il y a peu de lièvres en plaine ; on n'y fait lever en général que ceux qui y sont nés : le gros des bataillons est au bois dont il ne sortira qu'aux premières pluies automnales.

J'ai dit tout à l'heure que les grandes assises du chien d'arrêt se raccourcissaient de plus en plus. C'est un grand dam pour l'art de la chasse à tir et je crois que beaucoup de chasseurs le regrettent comme moi.

Par une étrange bizarrerie, on ne s'est jamais tant occupé du chien d'arrêt en organisant des expositions, remarquables pour la plupart, et des épreuves en campagne que depuis qu'on ne chasse plus guère avec ce chien qui a fait les délices de nos pères ! Sur certaines chasses, on chasse une huitaine de jours à l'arrêt, et encore il n'y a presque que les chasseurs isolés qui agissent ainsi, et après ces huit jours, on bat la plaine devant soi, en ligne, tandis que le chien reste à la maison.

Où sont les bonnes chasses d'antan où l'on voyait travailler ce brave animal, si sagace à saisir les intentions du maître, faisant preuve d'un savoir étendu pour tourner les compagnies, arriver jusqu'à elles, les signaler par son attitude; et à l'arrêt duquel on éprouvait si grand plaisir à culbuter une ou deux perdrix à l'essor! Pendant que votre aimable auxiliaire allait ramasser la victime vous surveilliez le gros de la compagnie se dirigeant vers la remise et sûr de la prudence de votre collaborateur vous vous empressiez de renouveler ces tirés habiles autant que fructueux.

Aujourd'hui, on ne chasse plus ainsi ; si les chasseurs sont en compagnie ils arpentent la plaine de front et tirent en bloc après les voliers affolés que l'apparition de l'escouade fait déguerpir du plus loin qu'ils l'ont aperçue. Heureux celui qui se trouve à portée. La science a fait place au hasard. La mode est aux chiens de parade et aussi à la chasse sans chiens !

Je n'ai point l'espoir de faire remonter le courant à mes confrères en saint Hubert dont beaucoup trouvent tout commode d'arriver en chasse avec un fusil et des cartouches, de pousser le gibier devant soi ou de se le faire rabattre. Quand l'occasion s'en présente je me contente d'insister sur ce fait lamentable dussé-je passer pour un rabâcheur. Il n'y a plus qu'un petit nombre qui s'adonne franchement aux déduits de la vraie science. Ce qu'il faut à présent, ce sont des chasses mondaines : l'anglomanie nous a envahis et je crains bien que le *Chasseur rustique* de d'Houdetot, ce livre si vivant, qui recèle une passion si intense de la vraie chasse, ne soit déjà de l'histoire bien ancienne. Or, on ne lit guère plus l'histoire ancienne !

Je reviens vite aux gibiers de septembre.

Après la perdrix, la caille et le lièvre, nous avons encore le râle de genêt, la canepetière et la tourterelle, et aussi le lapin lequel parfois déserte son canton pour brouter un bord de luzerne, ou établir son domicile d'été dans une haie.

Avec octobre la chasse modifie ses allures.

La plaine plus qu'écrémée a donné tout ce qu'elle pouvait donner. La caille est partie; la perdrix passablement décimée, redouble de prudence pour conserver son espèce et fuit à des distances invraisemblables. Cependant on fait encore par des journées ensoleillées un tour en plaine où la grive vendangeuse a fait son apparition ainsi que l'alouette qui dans la seconde quinzaine du mois offre quelques matinées des plus divertissantes. On peut dire que octobre présente aux chasseurs les plaisirs cynégétiques dans toute leur étendue. Avec les glanes de la plaine, le bois est le principal rendez-vous, les feuilles jaunies se détachent une à une permettant à l'œil de fouiller les clairières par lesquelles débuche le lièvre et les ronciers sous lesquels broute le lapin. On commence à attaquer le faisan dans les taillis empourprés par les premiers brouillards. Les chasses aux chiens courants débutent : on découple les bassets sur le lièvre et le susdit lapin ; les battues s'organisent et les grands équipages sont sur le point d'accaparer la voie. Lièvres, lapins, chevreuils, grands animaux, faisans, et aussi la dame au long bec qui se montre un peu partout vers la Saint-Denis, forment un assez joli tableau. C'est aussi pendant ce mois que retentissent les premiers coups de fusil au marais. Les arrivages de la sauvagine se dessinent et la bécassine vermille déjà dans les queues d'étang. Les sarcelles, quelques canards, les grues, les hérons, se renseignent sur les hôtelleries. De quelque côté que le chasseur se tourne suivant son tempérament ou son goût, il trouve la table mise et le festin des plus variés.

Alors que les grands propriétaires fonciers mettent leurs chasses de bois en coupes réglées, organisant battues sur battues, le chasseur modeste dont tout l'équipage consiste en deux bassicots et un chien d'arrêt, épagneul ou griffon broussaillant, ne donnerait pas sa place de vie au grand air pour un siège à la chambre des députés. C'est pour lui aussi et pour lui encore plus que pour les autres que ce mois est rempli de charmes ; car si il a la passion de la chasse et s'il en connaît l'art, toutes les ressources lui sont offertes pour qu'il ne passe pas une journée dans l'oisiveté. Outre le gibier sédentaire qu'il sait où trouver, il n'ignore pas que les chasses banales voisines des grandes propriétés gardées bénéficient de l'effroyable remue ménage que ce qu'on appelle les chasses mondaines causent dans toutes ces réserves houspillées une ou deux fois par semaine. Je n'ai point ici en vue le braconnier posté dans les chemins en bordure des propriétés réservées avec l'intention de s'approprier par un coup de fusil bien placé le lièvre, le brocard ou le faisan que forcent les traqueurs ; je parle du chasseur incapable de vilenies pareilles, mais qui sait que le gibier volant comme le gibier courant n'a pas d'étiquette, et qu'un lièvre parti à la dérobée pendant une chasse se remise très bien dans une terre labourée ou dans un boqueteau et que là il peut devenir honnêtement sa propriété.

En ce mois, le contingent du poil est assez appréciable encore. Aussi le chasseur à petit équipage que je viens de nommer, peut sans envier les tableaux si richement remplis des chasses dont il n'a pas l'accès, trouver à satisfaire sa passion et cela avec plus de raffinement et de savoir que les tireurs en ligne.

Deux pièces de gibier conquises dans ces conditions font plus de plaisir qu'une douzaine abattue dans un layon à dix mètres des rabatteurs.

Novembre noyé dans ses brumes est peu encore un beau mois de chasse, avec un peu d'austérité en plus. C'est comme le vestibule de l'hiver: tout est gris et les bois aux frondaisons d'or ont pris des teintes grises. Il commence à faire froid et la chasse devient plus sérieuse, c'est-à-dire que les chasseurs arpentant les bois ou les bords des rivières sont ceux pour lesquels cet exercice n'est point un simple passe-temps. Avec la Saint-Hubert s'inaugurent les joyeuses fêtes cynégétiques. La grande vénerie multiplie ses laisser-courre. Le dix cors et le sanglier ont à leurs trousses les vaillantes meutes de bâtards vendéens ou d'anglo-normands qui mènent un train d'enfer.

Cependant que de toutes parts on sonne des hallali courants, le chasseur à tir n'oublie pas la bécasse, la grande attraction de ce mois, non plus que les bécassines dont les grands mouvements s'opèrent pendant toute la lune.

La première lune de novembre est appelée la lune des bécasses; c'est en effet à cette époque, alors que les vents soufflent d'amont par les nuits brumeuses, que ces jolies voyageuses viennent peupler les bois humides et s'arrêtent aussi dans les grosses haies. A ce moment a lieu l'important passage: il y en aura bien un second vers la Saint-André; mais il sera beaucoup moins régulier et surtout moins abondant. Il y a des chasseurs de bécasses passionnés qui estiment au plus haut point ce joli coup de fusil, mais généralement il y en a beaucoup qui la tuent parce qu'ils la rencontrent, sans pour cela la chasser. Cela s'explique par la difficulté qu'un chasseur superficiel éprouvera à la faire lever. Pour chasser la dame au long bec il faut bien savoir sa forêt ou son bois et les végétations variées recherchées par cet hôte délicat. Elle affectionne les bocages. Si elle est essentiellement nomade et déserte le canton où elle est descendue à la première variation atmosphérique elle a cependant des habitudes régulières. Les mêmes bois, les mêmes haies sont toujours fréquentées par elle; elle est fidèle à l'hôtellerie que l'espèce a choisie, aussi peut-on la chercher chaque année dans les mêmes endroits. Toutes s'y rendent ponctuellement au moment de la migration et ce n'est que l'intempérie de la saison qui les en chasse.

A l'actif du mois de novembre, outre la migration annuelle des hôtes du septentrion en quête de prendre leurs quartiers d'hiver sous des zones plus clémentes, et le va et vient de ces escouades se succédant étapes par étapes, il faut compter les vanneaux dont l'avant-garde s'est montrée le mois précédent et qui surgissent en bandes nombreuses et tentatrices. C'est là aussi une heureuse rencontre et, si elle fait faire bien des pas inutiles au chasseur, elle jette pour lui une note claire dans le ciel gris. Ces tribus vagabondes tournoyant constamment dans l'air, leur domaine, emportent bien des regrets, et ces regrets sont encore des espérances; car il arrive que les traînards paient souvent pour le gros de la troupe.

Ces trois mois : septembre, octobre et novembre sont donc à les bien considérer les mois de ripailles par la variété et par la quantité du gibier.

Dans les mois suivants, nous verrons les choses se spécialiser de plus en plus et le chasseur circonscrire ses expéditions. Elles ne seront pas moins passionnantes, mais après avoir plantureusement festoyé ces mois durants, il se verra obligé de jeter son dévolu sur un ou deux plats, copieux parfois et de consistance, mais les entremets variés auxquels il aura goûté à bouche que veux-tu ne seront plus !

Avec la bonne et joyeuse humeur en laquelle le tient le noble exercice de la chasse, il prendra son parti gaiement, car c'est pour lui aussi qu'ont été écrits ces mots: « à chaque jour suffit sa peine. »

—

En décembre, la chasse pour les chasseurs endurcis n'est pas moins active que pendant le mois précédent ; mais elle change complètement d'aspect. Ceux qu'elle passionne obstinément, n'ont rien à voir avec les tireurs d'ouverture que de longues semaines de repos aiguillonnent vers un plaisir nouveau, favorisé, du reste, par sa facilité relative et les beaux jours qui l'accompagnent. Les basses cours des chasses ordonnancées en coupes réglées sont quelque peu décimées ; partout le gibier est plus rare, et celui qui reste comme celui qui arrive n'est pas disposé à se laisser peloter sans façon par les présomptueux pour lesquels la chasse est un sport exigé par la mode. L'heure est venue de payer de sa personne et de faire preuve de savoir et de vaillance.

Le second trimestre de l'année du chasseur est sérieusement rempli : grandes battues, chasse à courre, chasse aux chiens courants, chasse à la sauvagine dans les marais, sur les grands étangs et sur mer, tel est à peu près le bilan de ces trois mois chargés de frimas.

Décembre est, avec février, l'époque la plus propice à la chasse des grands migrateurs. Ces deux mois heureux peuvent être marqués d'une pierre blanche : les froids commencent à s'accentuer, la sauvagine accélère sa migration en grandes bandes, multipliant ses escales, cherchant des refuges en vue de la dure saison. Au départ, n'ayant point encore une connaissance approfondie des localités qu'elle traverse, elle sonde l'horizon et son vol est alors indécis. Il lui arrive souvent comme aux pauvres humains de faire fausse route, de tomber dans une hôtellerie louche qu'elle déserte promptement afin d'en chercher une plus convenable. Le chasseur avisé qui sait cela profite de ces hésitations et de l'embarras des voyageurs. Au retour, généralement vers la fin de février, tous ces émigrants regagnent le pays, mais sans accentuer leurs étapes comme à l'arrivée. Ils se sentent pressés d'abandonner les auberges dans lesquelles ils ont vécu tant bien que mal; l'heure des unions se fait pressentir et dame ! lorsqu'on est sur le point de se marier, on se trouve d'ordinaire si heureux qu'on a l'abord facile pour tout le monde : on témoigne sa joie par des protestations amicales envers des gens que l'on ne connaît même point. Encore là aussi le chasseur a beau jeu.

Pendant ces époques de glaces, de givre et de neige, les canards constituent la partie du gibier dont la mise de fonds est la plus importante. A eux seuls, tant à cause de leur nombre que de leurs variétés et de leurs instincts nomades, ils forment une chasse complète et fructueuse des plus passionnantes. Dès qu'ils se sont mis en route, ils sont partout : sur les étangs, sur les rivières et jusque sur les cours d'eau les plus minuscules. Par les temps d'âpre gelée ils se rassemblent aux abords des sources et s'abritent des vents le long des berges et dans les mares des bois. Si le vent souffle en tempête et les empêche de tenir la mer, ils s'abattent le soir à la marée montante dans les marais et se concentrent sur les mares protégées par des roseaux. Les gelées et les grands vents sont très favorables pour la chasse à la hutte ; c'est là que se font souvent en quelques heures d'abondantes moissons.

Sur environ seize espèces de canards connues à notre hémisphère, tous se font tuer au gabion en compagnie d'individus de haute volée quelquefois comme celle des cygnes, des oies et des spatules, souvent aussi en compagnie mêlée tels que hérons, courlis, sarcelles, harles, etc. Par contre,

il en est dont la sauvagerie est telle que la
hutte est le seul moyen de les aborder. Au
début de l'hiver les premières bandes de
canards qui n'ont point encore été tirées sont
faciles à approcher, mais elles ne tardent
pas à être complétement édifiées sur les
résultats de ces détonations par lesquelles
on les salue. En cela, supérieur à l'homme
si lent à acquérir l'expérience et même à en
tenir compte, chaque individu se met immédiatement sur ses gardes et maintient
une distance respectueuse entre lui et le
chasseur. Celui-ci doit s'armer de patience
et aviser ; car, il ne suffit pas d'avoir un
fusil à longue portée, il est en outre nécessaire de recourir à une manœuvre habile.
Même en barque il n'est pas toujours aisé,
comme ceux qui n'ont pas pratiqué cette

chasse paraissent le croire ; il n'est pas aisé,
disons-nous, d'arriver à portée. Ces masses
noires que vous apercevez soit sur les bancs,
soit sur l'eau, s'éloignent avec un ensemble
décourageant à mesure que vous approchez :
et parfois elles font l'effet des mirages du
désert dont parlent les voyageurs.

Les variétés qui isolément se montre-
raient pour ainsi dire moins réfractaires
au coup de fusil, obéissent au signal des
chefs de file, des malins en général, et dis-
paraissent avec le gros de la troupe; il n'y
a guère que le pilet, un peu gourmand
de sa nature, qui s'attardant à pâturer ou
en train de plonger lorsque le vol prend
l'essor, puisse vous récompenser des longues
bordées que vous avez courues pour arriver jusqu'à lui. Le coup de fusil en vaut

2.

la peine, cependant il ne fait point oublier les larges trouées que l'on espérait opérer dans ces bandes mouvantes et si compactes qu'on est quelquefois à se demander si ces horizons noirs ne sont pas un effet d'optique. Les canards que l'on surprend le plus ordinairement dans l'intérieur des terres sont le souchet et le pilet. L'oigne ou vingeon donne dans les étangs et sur les rivières, mais c'est surtout à l'embouchure des fleuves et sur les côtes qu'on en voit de grandes quantités.

C'est le soir et le matin qu'on en tue le plus. Dès la brume ils exécutent régulièrement leur passage de la mer aux marais, et dès le crépuscule du matin ils descendent des rivières aux baies.

Nous n'apprendrons rien à personne en

disant que c'est pendant les fortes gelées et surtout lorsqu'elles se prolongent qu'on approche le plus facilement le canard et en général tous les palmipèdes. En ces époques assez rares du reste, on les approche aisément jusqu'à quelquefois les tirer sur l'eau. La raison en est bien simple; quand la gelée est intense, ils deviennent paresseux à s'enlever de l'eau, car, dès qu'ils ont pris l'essor, leur pattes mouillées se congèlent et cette congélation non seulement les fait souffrir, mais encore paralyse leurs mouvements. Aussi bien des fois nous est-il arrivé de voir un canard levé dans ces conditions aller se remettre à l'eau à une distance de cinquante mètres, tandis qu'en temps ordinaire ou seulement froid, son vol soutenu et rapide l'eût dérobé promptement à notre vue.

Quant au dégel il est regardé avec raison comme le temps le plus favorable pour le chasseur. Si le gibier tient moins, il est par contre plus abondant. C'est pendant cette période qu'il voyage le plus; il se croise en tout sens et est partout, aussi les rencontres imprévues se multiplient-elles.

Avec le dégel on voit soudainement reparaître les longirostres que les glaces avaient fait s'éloigner en quête de terrains plus meublés pour subvenir à leur nourriture : ce sont quelques bécassines quand le vent s'est un peu attiédi qui reparaissent sur les queues d'étang, les courlis, les pluviers et enfin toute la famille des échassiers vermillants. Plus un hiver est ce que

l'on pourrait appeler accidenté ; c'est-à-dire
varié avec des alternatives de gelée persis-
tante, de dégels, de sautes de vent, de
chutes de neige importantes, plus la chasse
des marais, des étangs offre de ressources.
Quand la neige tombe, drue et serrée, le
gibier se tient coi ; mais avant, lui qui
pronostique le temps beaucoup mieux que
ne pourraient le faire tous les astronomes
de la terre réunis, il s'oriente afin de
prendre ses quartiers de campement et se
montre partout, et si le temps n'est pas
encore bien pris, on le voit se mêler aux
flocons. Et après, quand le ciel s'est éclairci
et que les bords des rivières sont blancs et
les roseaux des marais pliés sous le poids
des flocons cristallisés, alors on sait ce que
cachait ce voile épais raccourcissant les

horizons et imprimant sa note triste au paysage. Le gibier vagabond, sur ces steppes blanches paraît à nos yeux, peu fait à ces mirages, transformé de telle sorte que les individus les plus minuscules revêtent des apparences trompeuses ; il est, lui aussi, dépaysé et comme indécis pour ses pérégrinations. S'il n'était point talonné par l'impérieux besoin de chercher une nourriture devenue plus rare, il resterait volontiers tranquille attendant après des heures meilleures. Mais le *struggle for life* est là, et il lui faut tenter les aventures. Le chasseur a garde de laisser passer toutes ces circonstances favorables bien faite pour le dédommager des jours de bredouille.

La chasse aux oiseaux d'eau en hiver laisse des souvenirs d'autant plus vivaces qu'ils ont été chèrement achetés, et l'on peut même dire que c'est un attrait de plus. Le gibier conquis par cinq degrés de froid, en moyenne, lorsque le givre s'attache à vos cheveux, que vos doigts se glacent sur le canon du fusil, a une valeur beaucoup plus grande aux yeux des véritables chasseurs que celui qu'en d'autres temps on leur amène à l'aide de traqueurs, ce gibier lui fût-il d'ailleurs supérieur en qualité. Cependant, quelle que soit l'ardeur que l'on mette à la poursuite du gibier d'eau, cette ardeur ne doit point exclure la prudence ; car en dehors des rhumatismes qui sont comme la menue monnaie de ces expéditions, il ne faut pas se dissimuler qu'il y a des dangers sérieux à éviter. Ce sont les fondrières dans lesquelles chasseurs et chiens peuvent quelquefois disparaître, les glaces qui se brisent sous vos pas et vous font prendre un bain forcé. Il est nécessaire d'être très prudent; la prudence, par parenthèse, n'implique pas la peur. Un chasseur ne doit se mettre en route que bien lesté au point de vue de la nourriture, habillé de laine et chaussé de bonnes bottes imperméables. Quant aux fondrières et aux fontaines enlisantes, rares heureusement mais tentatrices, car c'est souvent aux abords de ces sources toujours vives que se tient le canard quand les eaux d'alentour sont prises, nous préviendrons le chasseur qui d'aventure pourrait y glisser, qu'il doit, aussitôt que son pied enfonce, se poser à genoux et mettre son fusil à travers. Ces fontaines jaillissant dans les endroits marécageux n'ont jamais plus d'un mètre de diamètre, or, en agissant ainsi, on paralyse immédiatement l'enlisement. J'en parle par expérience ; j'ai raconté dans mon livre *Mémoires d'un fusil* un drame qui s'est passé dans un marais où j'avais l'habitude de chasser et où un jeune chasseur a perdu la vie ainsi englouti par ces sables mouvants : et, chaque fois que j'en trouve l'occasion, je crois utile de rappeler mes confrères en Saint-Hubert à la prudence. On doit aussi se méfier des eaux à fleur de terre aux teintes d'ocre et desquelles émerge une végétation de graminées à feuilles en fer de lance. Il en est de même pour les terrains d'alluvion et les terres à l'aspect ardoisé.

Ce sont là petites précautions n'entravant

en rien la chasse, mais qui incitent le chasseur à redoubler ses observations et peuvent à un moment donné lui éviter de sérieux accidents.

Pendant les mois d'hiver dont nous parlons les bois ne sont point abandonnés. Si dans quelques grandes propriétés, soignées en vue de la reproduction, on a commencé à rentrer les poules faisanes et refoulé les lièvres dans les réserves, les battues au chevreuil, au sanglier et au lapin n'en continuent pas moins actives. On poursuit à outrance ce dernier dont les dégâts justifiés et non justifiés causent tant d'ennuis aux amodiataires de chasse. On le chasse également avec des bassets à jambes torses, genre de chiens, qui, grâce à leurs allures modérées, ne le contraignent pas à regagner immédiatement son terrier et permettent au chasseur de tirer souvent. La fin de janvier et en particulier le mois de février lui sont donc consacrés à son grand déplaisir, je n'en doute pas. Mais comme le lièvre a eu ses mois de misère, il aura sa bataille à soutenir. Les hôtes de la forêt et de la plaine ont cela de commun avec les humains qu'ils ont leurs mauvais jours tout comme leurs bonnes heures.

Jean lapin est à peu près le seul gibier que les intérêts bien entendus des chasses ne demandent pas à ce qu'il soit ménagé. Sa fécondité naturelle est un sûr garant que l'espèce ne viendra point à manquer; mais il n'en est pas de même pour les autres gibiers. Je disais tout à l'heure que dans le courant de janvier on commençait à faire rentrer les poules faisanes ; c'est fort bien, mais il nous semble que le coq lui-même aurait droit à quelques égards vu que, dans la plupart des chasses où les battues se sont succédées depuis le mois d'octobre, il en reste rarement assez pour le repeuplement. Si, à l'époque où vous lâchez vos élèves et les poules reconquises, il ne se trouve pas assez de coqs dans vos massifs, celles-ci déserteront votre bois et iront se faire conter fleurette ailleurs.

La chevrette, elle aussi, mériterait quelques égards, vu sa position intéressante. Il est vrai que, dans certaines chasses, à partir du 15 décembre, on prohibe le coup de fusil sur cet intéressant animal ; mais, comme le brocard a perdu son bois, la confusion est facile, lorsqu'un de ces deux animaux saute un routin. Le coup de fusil est prompt et le coup d'œil incertain. Pour éviter les amendes et des meurtres lamentables, il serait de bonne économie de ménager le chevreuil et d'anticiper sur la date légale de la fermeture pour lui donner quelques loisirs. Cette condescendance ne serait en réalité qu'un prêt à intérêt.

En février, l'année cynégétique est close normalement. Le sanglier et les grands animaux, lorsqu'ils sont trop abondants, ou du moins quand on le juge ainsi, font les frais de la chasse au bois. La grande vénerie mène son train. On s'occupe aussi de la destruction des animaux nuisibles, et le moment est opportun, car février inaugure la période des amours des animaux carnassiers : le loup, le renard, les menues bêtes de

proie comme le putois, la fouine, les mar-
tres sont en scène de flirtage, et il est bon
de ne pas les laisser se multiplier. L'occasion est excellente, parce que, excités par
le souci de la reproduction, ils se relâ-
chent un peu dans leurs mesures de prudence, et, sans cesse en déplacement, se
rendant en visite d'un bois à un autre, ils
s'offrent plus fréquemment à la vue du
chasseur. Il en est ainsi pour les oiseaux rapaces ; les faucons regagnent le nord, et le
propriétaire soucieux de voir son gibier se
multiplier, profitera de cette turbulence de
la plume et du poil.

Le grand mouvement rétrograde des migrateurs, dont l'aviation en décembre a fait
notre joie, s'opère de nouveau et fournit
encore une chasse agréable aux chasseurs

de toute espèce et en particulier à ceux pour lesquels la poursuite du gibier de passage est à peu près l'unique chasse possible. La foulque reparaît sur nos étangs et le courlis reprend possession des lagunes où il se cantonne pour le printemps et l'été. Une détente accentuée de la température amènera aussi vers les derniers jours du mois la bécassine en retour.

En résumé, trois bons mois d'activité pendant lesquels les friands du fusil n'ont point à chaumer.

—

En Mars, le chasseur n'a pas encore
complètement abandonné le fusil ; le retour
de la sauvagine s'accentue de jour en
jour, les battues aux lapins et les traques
de sangliers l'occupent assez pour que ce
mois, en général fort maussade, ne soit
pas dépourvu d'attraits. D'ailleurs, indépendamment de ce *five o'clock* de la saison
cynégétique qui lui fournit l'occasion de
placer de très agréables coups de fusil,
une occupation des plus intéressantes sollicite d'elle-même son temps sans qu'il
ait besoin de chercher des distractions
autres.

Nous y reviendrons tout à l'heure.

Parlons d'abord des ressources de ce dernier mois de l'hiver au point de vue de l'entraînement pour la vie rustique.

Au bois, le Lapin continue à être le but unique des tireurs pour lesquels il n'est plus de choix entre le bouquin blond et ce petit rongeur dont les familles bien fournies finissent par être encombrantes. Ce pauvre Jean Lapin constitue le fond de toutes nos chasses, souvent sauve de la bredouille, et prolonge pour les chasseurs la satisfaction des coups de fusil après la fermeture. Il est depuis quelques années un objet de mesures de rigueur que son aimable caractère et son utilité ne justifient point. C'est un paria dont la tête est partout mise à prix et qu'on voudrait voir disparaître, dit-on.

3.

Aussi le traque-t-on presque toute l'année par tous les moyens possibles de par ordre d'un gouvernement paternel! le lapin c'est l'ennemi des cultivateurs, la désolation des riverains des bois.

Je ne prétends point me faire le défenseur à outrance de ce petit animal turbulent qui au fond a bien quelques peccadilles à se reprocher et dont la fécondité merveilleuse peut avoir en certains cas des inconvénients. Mais je pense que, tout petit qu'il est, il a bon dos, qu'il assume bien des haines, de basses jalousies, dont il n'est pas plus responsable que l'agneau de la fable buvant au courant du ruisseau. Ce beau zèle de l'autorité à encourager sa destruction un peu mieux qu'il ne protège la conservation du gibier en général, vient de son désir d'être agréable aux plaignants. Quant aux doléances de ceux qui réclament sa suppression absolue, elles me paraissent passablement hypocrites, et ses ennemis seraient plus que vivement contrariés si on leur annonçait que le lapin a vécu. Ils veulent bien qu'on le pourchasse, qu'on le fasse tuer hors saison; mais ils pousseraient les hauts cris si on le détruisait comme ils semblent le demander. Pour eux, le lapin est une source de revenus des plus respectables; il en est qui vivent de ses prétendus dégâts. Non seulement ils profitent des battues ordonnées sur leurs criailleries répétées, mais encore ils se font des rentes par le fait de sa présence au bois. Plus de lapins plus de rentes! Cette nouvelle industrie de se faire des revenus avec des lapins qui ne vous appartiennent point est des plus simples.

On achète ou on loue un arpent ou deux en bordure de bois ; on ne le laboure qu'à la surface, naturellement on se prive de l'engraisser, ce qui serait d'une impéritie notoire : on y sème de l'avoine ou de l'orge ou même du blé lequel pousse comme il peut, laissant de ci de là des vides étranges, et ailleurs germe grêle et sans force. Les lapins sont là et on réclame une récolte perdue. Les dommages alloués par des experts la plupart du temps n'y connaissant rien et pris souvent parmi les compères des plaignants atteignent deux fois le prix qu'eût donné une récolte moyenne. Il y a donc tout bénéfice. Point de travail, absence de fumure, quelques sous d'avoine et voilà un revenu assuré. Certes ces spéculateurs nouvelles couches seraient bien marris si le lapin n'existait plus qu'à l'état de souvenir. Si cela jamais arrivait, ils seraient capables d'en acheter et d'en peupler clandestinement les bois dont ils se sont décidés à être les riverains. Et les braconniers donc ! S'il n'y avait plus de lapins ni d'autres gibiers ils seraient capacles de se mutiner et de renverser un gouvernement coupable d'avoir pris si peu de souci de leur capital.

Détruire le lapin en tout temps pour prouver aux propriétaires de chasses qu'ils ne sont point maîtres chez eux, que la chasse légale est un privilège par cela même condamnable, se faire des rentes en exploitant le vagabondage de Janot un peu exubérant de sa nature, ce sont là les deux points de la question.

Toutefois, c'est assez discourir sur ce petit animal toujours en belle humeur pour faire convenablement les honneurs du bois dans le mois dont nous parlons.

Nous assistons aussi au retour de la bécasse. L'oiseau si apprécié des gourmets repasse, préludant déjà à ses amours et se hâtant afin de préparer le nid de sa nouvelle famille. Par une tolérance que nous ne nous expliquons guère, comme du reste beaucoup de raisonnements administratifs, l'autorité a trouvé bon de ne point protéger ce migrateur au retour, aussi le chasseur profite-t-il du crépuscule, alors que ces charmants oiseaux occupés de flirtage batifolent, pour interrompre par un brutal coup de feu les douceurs qu'ils se disent deux à deux en allant vermiller. Cela s'appelle la chasse à la croûle. Il nous semble que le moment est mal choisi et qu'il y a inhumanité à foudroyer ainsi les pauvres bêtes dans lesquelles le renouveau parle si haut et d'une façon si précise. Je sais bien que le chasseur à la croûle ne fait point un grand nombre de victimes, quelle que soit son habitude de cette chasse. Il fait sombre, le passage dure à peine quinze minutes, et bien que la bécasse passe très bas, tous les coups dirigés contre elle ne portent pas. Mais, ne fît-on que trois victimes en une semaine, c'est déjà trop.

La chasse au bois à la bécasse, également autorisée après la fermeture de la chasse, a un autre inconvénient; elle permet au chasseur peu scrupuleux aventuré sous bois de tuer lièvres et autres gibiers. Le carnier dissimulera aussi bien une hase pleine qu'il mettra en évidence le plumage de la dame au long bec. Beaucoup d'entre nous sont assez honnêtes et ont assez de souci de la conservation du gibier pour ne pas se permettre ces forfaitures ; mais combien à côté profiteront de ce qu'ils appellent une aubaine et écraseront dans l'œuf les espérances futures !

Ajoutons que la bécasse au mois de mars a perdu beaucoup de ses qualités qui la font priser comme un morceau de premier ordre. A cette époque elle a pâti de l'hiver, et la disposition à la fécondation dans laquelle elle se trouve, ajoute encore à sa maigreur.

Le Chasseur a d'ailleurs à s'escrimer d'une façon plus productive et moins néfaste sur ces grands migrateurs qui en ce moment, un peu plus tôt, un peu plus tard, suivant l'année, regagnent le nord et les marais où les appelle la nidification. Il y a là encore une belle marge pour jouir des émotions de la chasse à la sauvagine. Dans cette aviation en retour, les passages pour être fréquents — à partir d'une certaine époque, vers le 15 mars si le temps est doux, on peut en observer un chaque jour, — ces passages, disons-nous, sont très rapides. Les canards sont pressés par la ponte et s'arrêtent peu. Leur retour ne s'opère point étape par étape comme la descente ; à moins d'un changement subit et tout à fait imprévu, ils ne s'arrêtent que lorsqu'ils sont fatigués, et lorsque cela est, ils repartent après une nuit passée en alerte, car à ce moment ils ne flânent point. De plus, ils ne suivent point la même voie qu'à l'aller.

Ils optent pour la route la plus directe, en conséquence quelques endroits peu favorisés au départ le deviennent-ils au retour. Le marais n'est cependant point à dédaigner, surtout au déclin de la lune de mars, bien que le gros de la sauvagine l'évite parce qu'il a pris le train éclair; il en est néanmoins qui, soit par flânerie inhérente à leur espèce, soit par fatigue, ne se font pas faute d'y prendre langue. Ce sont là les bénéfices du chasseur ardent en même temps que patient qui fait ainsi les rencontres les plus inattendues.

Voilà pour la partie plaisante. Mais il reste une seconde partie non moins importante et digne de toute notre attention. Il s'agit de détruire les animaux nuisibles. On aura beau repeupler avec intelligence et faire des frais considérables pour ce repeuplement, vos peines et votre argent seront perdus, si vous ne commencez point par purger le bois de tous ces maraudeurs de nuit et de jour : si ils guettent le gibier acclimaté et prémuni contre leurs ruses, il feront bombance avec le gibier dépaysé jeté imprudemment dans ces taillis peuplés de vermine.

Le mois dont nous parlons est très propre à cette destruction : la feuille n'a point encore fait craquer le bourgeon et toute la gent en cours de reproduction est en branle pour chercher sa nourriture et celle de sa lignée ; de plus, préoccupée de son flirtage, elle est moins sur ses gardes. Donc redoublement d'activité dans ses chasses nocturnes, facilité de tomber sur les levrauts, les lapereaux, et enfin moins prévoyante par l'effet de la saison, elle la donne belle au chasseur par ces trois conditions.

Les principaux animaux sur lesquels doit se porter l'attention sont : le renard, le putois la belette, la martre, la fouine, le chat, la buse, l'émouchet, la pie et le geai. Pour les bêtes à poil il convient d'employer les pièges et en particulier les sentiers d'assommoirs. Effondrez les terriers de renards et piégez avec le disque en fer poli amorcé d'un oiseau ou d'un lapin. Nous ne sommes pas partisan du poison dont on se sert habituellement, à cause des funestes conséquences qu'il peut avoir. A ce propos nous nous sommes expliqués ailleurs amplement sur les malheurs que l'emploi de la strychnine pouvait causer. Quant aux oiseaux de proie et à tous ces rapaces qui circulent du bois à la plaine, convoitant les œufs de cailles, de perdrix et de grives : tels que les pies, les geais et les corneilles, c'est à l'aide du fusil que l'on doit les détruire. Cette chasse utile devra continuer en avril et en mai alors que ces destructeurs, occupés de leur propre re-production, manquent aux mesures de prudence habituelles, et par leurs allées et venues vous font découvrir le nid abritant leur progéniture de bandits. Le pourchas commencé en mars, se poursuit avec succès en avril et en mai.

Avec le mois d'avril, la nature entre dans une espèce de recueillement qu'il messiérait de troubler ; le grand travail de la rénovation est en pleine activité ; le bois se métamorphose graduellement : futaies et plaines commencent à se vêtir pour les grandes noces de la terre. La sève fermente depuis les dessous mousseux tapissant les hêtrées jusqu'au sommet des grands arbres ; et la feuille se développant presque d'heure en heure étend son voile mystérieux sur toutes les bestioles qui obéissent instinctivement au vœu providentiel de reproduction annuelle pour la conversation des espèces.

Il est bon de respecter ce grand œuvre et

de ne point troubler ce silence favorable.

Malgré cela, comme elle est à la veille de désarmer, la grande vénerie emploie activement les dernières heures que lui concède l'autorité. D'autre part, les tireurs intrépides se rabattent sur le sanglier. Ces deux dernières chasses ne troublent point outre mesure le bois, car au laisser-courre la bête de meute lancée par les chiens a vite pris un parti et quitté l'enceinte avec sa suite aboyante, en sorte que le bois reconquiert en peu de temps la tranquillité. Quant à la bête noire, qu'elle soit traquée ou qu'elle ait à ses trousses un vautrait, elle vide rapidement le fourré et quatre ou cinq coups de fusil au maximum sont tirés. Là le gibier que l'on ménage est promptement revenu de son alerte. Il n'est d'ailleurs que toute justice que les veneurs qui louent les forêts à eux et entretiennent des meutes énormes puissent prolonger leurs déplacements au-delà de la limite ordinaire de la chasse. Généralement, les entraînements ne peuvent avoir lieu que vers la fin d'octobre, ce qui retarde de deux mois environ l'ouverture des laisser-courre sur celle de la chasse à tir : ils n'ont donc que deux mois à peine de plus que les chasseurs à tir. Ajoutez à cela les mauvais jours, les gelées, les neiges apanages de la saison, qui parfois empêchent les sorties ; et l'on conviendra que les veneurs ne sont point favorisés au delà de l'équitable. Le sanglier étant une bête absolument nuisible pour les récoltes, sa destruction au mois d'avril n'a rien de surprenant car c'est à ce moment que la plaine a laissé apparaître les germes des moissons sa gloire future. Or, les exploits des bêtes noires lesquelles en une nuit retournent un champ comme le ferait un soc de charrue sont fort à craindre. Il y va ainsi de la protection des récoltes futures, et, en dehors du plaisir passionnant de cette chasse émouvante, les chasseurs font œuvre méritoire.

Lorsque nous parlons de destruction, il ne faudrait pas attacher à ce vilain mot toute sa portée révolutionnaire. Pour nous la destruction des sangliers, des lapins veut dire éclaircissement des rangs. Il serait regrettable — et tous les chasseurs seront de mon avis — que le mot de destruction fût pris à la lettre. De même que l'on émonde les arbres trop touffus, ainsi on cherchera à diminuer le nombre de ces vagabonds par trop turbulents ; mais au fond du cœur nous souhaitons tous qu'il en reste pour nos plaisirs futurs. A propos d'animaux nuisibles, autrement dangereux que le sanglier, à propos du loup, certains lieutenants de louveterie, lorsqu'ils sont contraints de faire des battues, ont soin de ne faire tirer que les louvarts ou les vieux loups laissant partir les louves pour la graine. Pensez donc, le jour ou il n'y aurait plus de loups, adieu la lieutenance dont on est si fier ! On ne voudrait pas moins faire pour le sanglier.

Toutes les espèces d'animaux disparues par la guerre sans merci et imprévoyante que leur a faite l'homme doivent nous rendre circonspects pour ne point provoquer l'anéantissement de nouvelles espèces dont plusieurs, hélas, sont encore à la veille de disparaître. Il n'est point un animal qui n'ait sa raison d'exister, raison que notre courte vue ne saisit point au premier aspect, mais qu'une observation sérieuse finit par démontrer. Notre rôle est d'user des animaux, de nous en servir, soit pour notre utilité, soit pour notre plaisir, en les prenant à la chasse, et d'en réglementer la fécondation, afin qu'une espèce ne détruise pas l'autre et qu'elle ne nuise pas trop à l'économie agricole. Mais là doit s'arrêter sagement notre omnipotence. Et puisque nous philosophons à propos des hôtes de la plaine et des bois, terminons cette digression en disant que l'homme face à face avec son semblable, trouverait ce monde bien triste s'il n'y rencontrait plus de bêtes.

Les biches, les chevrettes et la femelle du chamois faonnent du 15 avril au 15 mai.

C'est vers le 15 avril que commence habituellement le passage de la caille ; ce passage dure jusqu'au 15 mai ; à partir de ce moment, ces succulents oiseaux s'occupent de la ponte. Ils s'établissent dans les sainfoins et dans les blés pour y pondre, ce qui ne tarde point car ils sont prolifiques heureusement pour nous, et ils paraissent avoir conscience de l'effroyable consommation que l'on fait de leur espèce. A la fin de ce mois, les autres oiseaux, comme les perdrix, commencent aussi à pondre. Il est donc bon à ce moment de s'assurer de l'état des pariades. On sait que la surabondance de coqs rend la plupart du temps celles-ci peu fructueuses.

Il est également de première précaution de tâcher de les éloigner des prairies artificielles, véritables coupe-gorges. Pour les forcer à aller nicher dans les céréales, leur sauvegarde, on préconise un moyen facile que voici. C'est de les lever plusieurs fois par jour dans les luzernes et dans les trèfles, où elles cherchent à élire domicile. Fatiguées d'être plusieurs fois de suite ainsi dérangées, elles se rendent dans les blés où elles seront en sûreté. Si notre législation, si indulgente parfois pour le braconnier, n'était pas aussi rigoureuse pour le chasseur, pour celui qui paie l'impôt — et est un des contribuables les plus importants, — nous conseillerions aux propriétaires dans le cas présent, de se faire accompagner d'un chien d'arrêt sage qui marquerait par l'arrêt les nids de perdrix et de caille que recèlent les prairies artificielles. Une fois le nid découvert on le signalerait à l'aide d'un piquet et ordre serait donné aux faucheurs de laisser un centre carré de luzerne autour de l'endroit désigné. Ainsi on viendrait intelligemment au secours de ces inconsidérées qu'une habitude déplorable fait rechercher un abri funeste. Malheureusement l'usage du chien de chasse, toléré ici, sera l'objet d'une contravention là-bas ; tant il est vrai que l'espèce humaine ne brille point par la logique.

Quel que soit le procédé que vous employez préoccupez-vous de cette intéressante nidification dont la réussite complète sera, vous ne l'ignorez pas, le plus beau fleuron de l'ouverture.

En dehors des coups de fusil sur les rapaces que nous vous engageons de surveiller attentivement, il y a encore à glaner aux abords des marais : la bécassine en retour et aussi les migrateurs qui se sont amusés à faire l'école buissonnière avant de regagner les *polders*. On chasse aussi dans les baies les oiseaux dits oiseaux de carême. En résumé chasse attrayante, dernières lueurs de la saison cynégétique dont le crépuscule est arrivé.

Encore quelques expéditions pendant le mois de mai, qui n'est pas tout à fait le mois des roses pour la gent aquatique. Si nous laissons tranquilles les canards en train de couver pour nous offrir le halbran au mois d'août, nous nous dédommageons sur le cul blanc de rivière dont l'apparition est signalée. Sur les grèves, la guignette, et, dans les étangs, les judelles attirent une attention dont elles se passeraient bien. Ce sont là encore broutilles fort agréables pour les chasseurs dont la nature est généralement ennemie de l'oisiveté. En baie de Somme et sur certains points de la côte de Bretagne, on se met à la poursuite des bancs de macreuses qui, elles aussi sur le point de s'accoupler, sont d'une approche plus facile : l'hirondelle de mer, le satanite et quelques voiliers complètent le butin du tireur entreprenant.

Quant à la plaine et au bois, on ne doit les parcourir qu'à seule fin de veiller à la conservation des espèces utiles et de détruire les oiseaux de proie y compris les freux, auxquels il sera d'économie bien

entendue de faire une guerre à outrance.
Ces mangeurs d'omelettes en pleine cou-
vaison offrent un sport bien intéressant
aux amateurs toujours soucieux de profiter
de l'occasion qui leur est offerte de faire
parler la poudre. Dans les parcs et dans les
futaies adoptées par ces voraces, ces séan-
ces annuelles en mettent par terre un nombre considérable. C'est de la bonne beso-
gne et un tir amusant. Plus précoces que
les perdrix, les faisandeaux apparaissent
pendant ce mois ; il est du devoir d'un bon
garde de surveiller l'agrainage et de veiller
à ce que l'eau ne manque pas dans le bois.
Il fera bien si le temps est humide de fer-
rer l'eau destinée aux poussins ; ainsi il
évitera les maladies inhérentes à la première jeunesse de ce précieux oiseau, bien

que ceux nés à l'état sauvage soient moins susceptibles d'accidents que ceux élevés en parquet : la reproduction à l'état libre étant de beaucoup la meilleure. Quoi qu'il en soit, les précautions ne sont pas inutiles.

Nous ne saurions trop rappeler aux sérieux disciples de la vraie science, qu'ils doivent aux animaux sauvages, leurs plaisirs pour l'année prochaine, la même sollicitude qu'un bourgeois ou un cultivateur peut avoir pour les couvées de son poulailler. Il ne suffit pas de laisser aller la production aux chances du hasard, il faut la protéger afin qu'elle s'opère dans les conditions les moins défavorables qu'il se pourra.

Les mois de chômage relatifs pour l'exercice de la vie en plein air seront donc sérieusement utilisés par tous ces soins multiples.

Nous en finirons avec le mois à la ceinture de feuillage tendre, en disant qu'il est aussi le mois de la vie rustique, par à peu près, très goûtée cependant de quelques uns. La chasse se réfugie au salon de peinture, qui vous fait souvenir des joies passées et ravive les espérances pour l'avenir, et aussi aux expositions canines où l'on voit flamber dans les yeux de nos braves compagnons de plaisir et de fatigue les éclairs des victoires passées et les désirs de luttes nouvelles. C'est encore là de la chasse !

—

Le quatrième trimestre de l'année cynégétique peut n'avoir qu'une importance médiocre aux yeux des chasseurs vivant au jour le jour n'appréciant que les résultats immédiats et ne comptant pour la chasse que les heures effectives; mais il ne saurait en être de même pour la masse. Cette époque de ravitaillement général de la campagne sollicite par sa haute importance l'attention de ceux que préoccupent non seulement la réalisation des espérances futures, mais encore une des richesses naturelles du sol.

Il me paraît bon de l'affirmer sans cesse, et nous ferons tous nos efforts pour faire pénétrer dans l'esprit de tous cette vérité que la conservation du gibier est liée à l'économie sociale d'un pays. La diminution progressive des animaux sauvages, mammifères et oiseaux, arrivera à l'anéantissement complet, sinon de toutes les espèces, au moins d'une grande partie d'entre elles et, appauvrissant ainsi la richesse nationale, rendra notre pays fatalement tributaire de l'étranger et sera un coup porté à l'agriculture. Cet anéantissement arrivé, les inconscients qui auront laissé faire et ceux qui auront étouffé la poule aux œufs d'or, atteindront du même coup une branche notable de l'industrie.

En sorte qu'il y aura ruine incontestable de la production naturelle, obligation de demander ce qui nous manquera aux nations voisines, perte sèche pour le commerce et l'alimentation. J'ai dit aussi que l'agriculture en souffrirait, en effet, par cette destruction s'étendant pareillement aux oiseaux auxiliaires des travailleurs des champs, on porte atteinte à la richesse agricole.

Il nous semble donc de première sagesse, non seulement de laisser le grand œuvre de la nature s'accomplir dans le recueillement, mais encore de l'aider.

Les lois restrictives sur la chasse n'ont point été élaborées seulement pour la réglementer au point de vue des aspirations modernes et d'un *modus vivendi* entre les diverses classes de la société moderne, mais encore pour empêcher les gourmands et les fils prodigues de manger leur bien en herbe et de porter une atteinte funeste aux lois providentielles de l'organisation de ce monde, dans l'intérêt de tous : les législateurs ont fait des réserves afin de prévenir les abus.

Alors que le gibier était abondant, la chasse pouvait ne pas être réglementée en vue des abus. On a usé et abusé, les lois restrictives sont venues. Au mois de juin, on chassait autrefois au faucon. Présentement ce mois est celui du chômage absolu. La trève est complète et le gibier n'a guère à redouter que les maraudeurs, les ennemis nés de la race,· comme lui. hôtes des bois et de la plaine, et aussi l'abondance des pluies qui parfois, en quelques heures, viennent mettre à néant les chères espérances de cette intéressante population sauvage. Ce sont les orages, les grêles brutales tuant dans le sillon la mère absorbée par les soins de la maternité. La jolie fête de la fécondation est parfois troublée ainsi, et tout est remis en question, mais en cette occasion, les animaux, depuis le turbulent lapin jusqu'au plus minuscule oiseau percheur, donnent une leçon de haute philosophie à la grasse espèce humaine dont une des prétentions est d'avoir accaparé le bon sens. Dans le fond du sillon comme dans la rabouillère, depuis le fort ou la bauge jusqu'au nid du buisson, quand la nature inclémente, escortée de l'orage et de l'ouragan, a détruit couvée ou portée, les pauvres éprouvés, ainsi frappés au milieu de leurs plus douces joies de l'année, ne se livrent point à des lamentations sans fin. Le chant est peut-être moins gai sous la feuillée, toutefois il ne s'interrompt point, et c'est avec un acharnement admirable que l'on voit tous ces ménages se remettre à l'ouvrage afin de repeupler le nid ou le buisson, obéissant ainsi au vœu de la nature prévoyante qui, dans ses desseins de conservation des espèces, a en vue les misères accidentelles de la vie.

Nous ne voudrions point humilier le roi de la création, mais il y a là, venant de la part de ces humbles, un grand enseignement ; et peut-être y aurait-il sagesse à le méditer pour en tirer profit.

Pendant ce mois en particulier, tous les soucis du chasseur doivent donc se concentrer sur la conservation. Aide-toi, le ciel t'aidera, dit un proverbe; le chasseur et le propriétaire doivent s'entendre pour protéger et aider le grand œuvre de la reproduction en ne dérangeant point les travailleurs et en outre en veillant à ce que les renards et autres maraudeurs *ejusdem farinæ* ne viennent point à la rescousse des inclémences de la température impossibles à conjurer.

A partir de ce mois, nous engageons les propriétaires à faire abstraction complète du fusil; le piégeage intelligent viendra à bout de ces mandrins; l'arme à feu fait trop de bruit et détruit le calme si utile à cette époque de recueillement, le piège muet rendra de précieux services, et son mutisme traître est appréciable. Toutes les ruses, même les moins chevaleresques, sont de bonne mise avec certains ennemis.

Il est bon de surveiller les étangs dans les roseaux desquels nichent les canards. Les poussinées sont écloses et souvent elles sont la victime des chiens bricoleurs et des oiseaux de proie. Aux environs des étangs le fusil est moins à redouter qu'au bois, aussi il n'y a pas à hésiter à se résoudre à quelques embuscades (matin et soir pour fusiller les braconniers de l'air).

En ce mois tout entier de surveillance, le chasseur trouvera le moment opportun pour s'occuper de ses armes car elles aussi, exigent une surveillance minutieuse. Nous ne sommes pas de ceux qui à chaque invention nouvelle se croient obligés, pour paraître suivre le mouvement, de changer le fusil dont il se sont servis l'année précédente. Un bon fusil avec lequel on a fait nombre de campagnes est toujours le meilleur; on est habitué à lui, il fait pour ainsi dire corps avec vous, et c'est une maladresse de le répudier parce qu'il se trouve un nouveau système que l'industrie intéressée cherche à faire prendre. On ne tire jamais mieux qu'avec une arme à laquelle on est habitué. Si l'on me permet une comparaison vulgaire, il en est d'une arme avec la couche de laquelle le corps est brisé comme d'un vêtement déjà porté. On est incomparablement plus à l'aise avec ce dernier qu'avec celui que l'on endosse pour la première fois. Donc nous sommes en principe pour le fusil qui a été longtemps le compagnon de nos victoires. Cependant lui aussi se fatigue, surtout si l'on chasse beaucoup, et il vient un moment où il est hors de service. Dans ce cas, il est bon de se pénétrer de cette vérité qu'un chasseur expérimenté n'achète point une arme toute faite; mais qu'il la fait faire pour lui. Or la fabrication d'un fusil demande un certain temps: trois mois ne sont point de trop. Nous recommandons donc aux chasseurs de profiter des mois de repos pour se prémunir; en commandant un fusil fin mai ou les premiers jours de juin on l'aura pour l'ouverture. Voilà pour ceux que le goût ou la nécessité engagent à acquérir une arme nouvelle.

Quant aux réparations souvent nécessaires après une longue campagne, si elles ne sont ni difficiles et ne demandent que peu de temps, on s'expose en les différant à arriver avec le flot des négligents et à ce qu'elles soient moins bien faites, l'armurier auquel on les confie à la dernière heure fût-il des plus recommandables.

Tout d'abord, si les canons présentent des enfoncements ou des gonflements, la réparation est urgente, car si ces enfoncements n'offrent pas de dangers pour le tireur, ils rendent le tir défectueux. Les bosses ou enfoncements sont produits par le choc du canon sur un corps dur, ils sont généralement de peu de gravité et la réparation est facile, au cas toutefois où l'étoffe n'aura point été brisée. Les gonflements sont souvent l'effet d'une trop forte charge, les fabricants d'armes les feront disparaître aisément et l'arme ne présentera plus aucun danger. Cependant, nous prévenons les chasseurs de ne pas provoquer une réparation quand ce gonflement s'est produit auprès de la chambre. En ce cas, il vaut mieux changer les canons.

Pour peu que l'on ait chassé au marais ou en temps de brouillard le bronzage a subi une altération sensible; il est utile alors de faire rebronzer à nouveau les canons et les pièces extérieures de la crosse pour le bon entretien de l'arme. Peu de chasseurs sont aptes à démonter les platines d'un fusil; l'ajustage et le réajustage d'un canon sont des opérations qui demandent de la pratique : en ce cas le concours de l'armurier est indispensable.

Enfin, la remise à neuf d'un fusil s'impose toutes les fois qu'il exige une réparation assez importante pour nécessiter son envoi chez le fabricant. Un fusil remis à neuf dans toutes ses parties peut faire un aussi long usage qu'une arme neuve.

Après avoir visité en détail ses armes pendant le mois de chômage, chacun de nous fera bien de confectionner par avance ses cartouches. On peut même à cette époque faire une partie de sa provision pour toute la saison. De cette façon on évitera la perte de temps pendant les mois d'activité; puisqu'on n'aura qu'à prendre avant la chasse dans une boîte en fer blanc confectionnée *ad hoc* les numéros nécessaires. Nous ferons remarquer que, contrairement à un préjugé existant encore dans quelques esprits, les cartouches sont loin de se détériorer avec le temps. Confinées dans un endroit sec elles conservent leurs propriétés intégrales.

Il nous paraît que ces heures de calme auront été parfaitement remplies si l'on s'occupe de l'éducation de ses compagnons de plaisir. Ceux qui ne laissent point à des gardes le soin de donner un brevet de capacité à leurs toutous n'ont pas de temps à perdre, les uns pour commencer une éducation solide, les autres pour la perfectionner dans un dressage sévère dont ils retireront un des plus doux plaisirs de la chasse et une satisfaction d'amour propre personnel. La question du rapport et de la docilité absolue demande de longues et patientes leçons; dans l'enclos, dans le parc on les entraînera tous les jours un peu : entraînement excellent et pour la bonne tenue lors de l'entrée en campagne et pour l'hygiène.

Avec le mois de juillet, le chasseur devient moins morose; c'est pendant ce mois que se tirent les premiers coups de fusil. Dans certains départements la chasse au marais ouvre le premier du mois, dans d'autres le 15, et enfin le premier du mois suivant dans quelques autres. Ces derniers nous paraissent les mieux inspirés; car la chasse, les premiers jours de juillet, n'est presque qu'un massacre d'innocents sans satisfaction aucune pour le tireur. C'est à peine si ces pauvres halbrans contre lesquels on part en guerre, sont duvetés ; et il y en a beaucoup qui se laissent happer par les chiens entreprenants. Un mois de plus accordé à ces innocents ferait beaucoup mieux leur affaire, et aussi celle du chasseur qui se trouverait en face d'oiseaux bien empennés et capables de se défendre. Quoi qu'il en soit, la chasse des étangs et des bords de rivière est ouverte, et les zélés profitent de cette tolérance.

En pleine campagne les oiseaux chantent moins, ils gazouillent. Dans les nids il n'y a plus d'œufs, les poussins sont éclos. Pour certains oiseaux, il n'y a guère que les secondes pontes. Les seigles que l'on coupe dans la deuxième quinzaine de juillet ainsi que les avoines sur certains points, permettent à l'observateur d'avoir déjà une idée sur la quantité du gibier qu'il trouvera à l'ouverture.

Et, par ce seul fait que la vie campagnarde est tout entière aux champs depuis l'aube jusqu'au coucher du soleil, il n'est pas sans intérêt que les gardes surveillent les moissons que l'on fauche ainsi que les allées et venues des travailleurs en lisière de bois. Avec ce coup d'œil inhérent à tout ceux qui travaillent la terre, la passée d'un levraut, la remise d'une couvée de perdrix est aisément constatée, et quelques-uns d'entre eux succombent facilement à la tentation. C'est le moment où les gardes doivent redoubler de surveillance, multiplier leurs tournées et surtout ne point les faire à heure fixe et routinière.

C'est le commencement de la chasse sur les grèves; on y rencontre des bécassines et des chevaliers. Sur quelques endroits des côtes on se livre à la chasse du cormoran qui, s'il n'a aucune des qualités que réclament les cuisinières, n'en offre pas moins une poursuite très mouvementée et procure un agréable passe temps.

Si, au commencement de ce mois, nous trouvons la chasse au marais et aux halbrans un peu prématurée, il est une distraction que nous recommandons aux chasseurs impatients de tirer et dont le résultat satisfera aussi bien la cuisinière que leurs légitimes désirs. Il s'agit de la chasse au poisson. Pendant les trois mois de juin, juillet et août à travers lesquels nous faisons une rapide excursion, le poisson a fini de frayer et s'est remis d'une flirtation à outrance, il aime à jouir des délices du farniente en se tenant à fleur d'eau à l'ombre d'une feuille de nénuphar ou entre deux herbes, à demi protégé des rayons du soleil par l'ombreuse ramure d'un arbre. Le tireur, longeant les bords d'un étang ou d'une rivière, aperçoit facilement ce gibier d'un nouveau genre, sommeillant entre deux eaux tiédies qui lui offre une proie facile. Ce sont les brochets de onze heures du matin à une heure du soir; les truites, ce roi des poissons, de deux à quatre heures de relevée; le matin, les tanches et les carpes se jouant sur l'eau. Vers le soir les chevennes et autres poissons blancs. Pour cette chasse de hasard qui fait patienter après l'autre, il n'est pas besoin d'un fusil à deux coups par cette raison que le fusil à poudre fait trop de bruit, et que deux détonations successives éveillent le poisson

de sa somnolence ; mais une simple carabi-
ne de 9 millimètres suffit pour dépêcher
une balle au bon endroit. Je ne parlerai
point des lois de la réfraction que tout le
monde connaît et que l'on ne doit point né-
gliger. Avec un peu d'habitude, tout poisson tiré sera un poisson mort. On le tire
toujours à très courte distance et de but
en blanc ; la seule précaution à prendre
est de viser à la tête ou vers l'ouïe et de se
garder de lui crever la vessie natatoire.
Sans cette précaution, tiré en travers, un
poisson, quelque gros qu'il soit, coule au
fond, et il faut se munir d'un épuisette pour
le prendre, encore le perd-t-on quelquefois
si la rivière est bourbeuse ou vive en
herbes aquatiques. C'est là en résumé
un délassement agréable grâce auquel

on oublie les heures d'abstinence.

Faute de gibier on se rabat sur le poisson !

Le printemps, tardif quelquefois, est bien fini quand arrive août. Aux verts tendres ont succédé les tons chauds de la maturité ; les plaines sont couvertes de nappes dorées ployant sous la lourdeur du grain. La nature a accompli son travail annuel ; ce n'est déjà plus l'époque du grand silence mystérieux : les bois, les sillons sont en fête, l'heure de la moisson est arrivée précédant celle des ripailles.

L'œil du chasseur s'émerillonne à la pensée que les vides que son incurie ou son gaspillage inconsidéré ont faits, sont comblés, et, en son imagination, il soupçonne dans chaque champ de blé encore debout des compagnies invraisemblables de perdrix et de cailles et dans chaque buisson un lièvre. Il escompte les joies de la campagne prochaine, et il faut bien le dire, sans remords pour le passé. La Providence dont beaucoup ne s'occupent point, est là pour réparer les folles dilapidations des prodigues !

Tout en caressant leurs espérances, les conservateurs prudents veillent sur le gibier que doivent recéler toutes ces moissons que bientôt la faux va faire tomber. Ils se méfient des traîneaux et des pantières dont l'œuvre de destruction va commencer. A mesure qu'un champ de blé tombe, la retraite du gibier se restreint ; une plaine dénudée est aussitôt le point de mire du braconnier. Aussi, pendant ces longues nuits

d'été, doit-on redoubler de surveillance.
Un des meilleurs moyens à employer pour
paralyser les effets des grands filets et des
panneaux est sans contredit l'épinage. A
peine la dernière gerbe de blé est-elle mise
dans la voiture qu'il est de toute nécessité
de planter des épines sur la terre dépouillée.
Ces épines rameuses, plantées solidement
à dix ou quinze mètres les unes des autres,
seront un obstacle des plus efficaces pour
empêcher les fileteurs de consommer la
ruine d'une campagne. En dehors de ces
épines fixes, nous conseillons également
de jeter dans les champs des bottes d'épines
roulantes ligaturées avec des ronces. Grâce
à ce procédé d'une exécution facile, le
grand drap des morts, comme on le désigne,
n'aura aucune action. Dès qu'un de ces

bottillons s'enchevêtrera dans les mailles du filet, celui-ci sera perdu, et toute l'adresse des braconniers se trouvera impuissante en face de ce nœud gordien tout à fait imprévu, qu'on ne saurait trancher qu'au moyen du couteau, en coupant les mailles et alors adieu filet, vendanges sont faites !

Nous avons vu dans plusieurs campagnes de grandes cultures employer ce procédé et on en a toujours obtenu de bons résultats.

Quant aux chasses auxquelles on peut se livrer, avant le jour férié de la déclaration générale de guerre à tous, il faut consigner la chasse au chamois dont l'ouverture a lieu le 15, la chasse sur la plage et sur la falaise et la chasse en mer, notamment la chasse aux phoques en baie de Somme et sur quelques plages de la Bretagne ; ce sont à proprement parler des chasses de villégiature dans lesquelles on s'entretient la main en attendant que les heures de l'ouverture aient sonné.

L'ouverture se faisant par zones, forme des étapes dans le cours du mois, et ceux qu'aucun lien n'attache au rivage, sont par ce fait à même de bénéficier de plusieurs ouvertures, avantage sur lequel il n'est point besoin d'insister. Car, indépendamment des gibiers plus particuliers à chaque province, perdrix grise ici, perdrix rouge plus loin, nous avons à ce moment de l'année ce charmant oiseau de passage qu'on nomme la caille, et qui, après avoir accompli la mission de repeuplement, commence dès le 15 du mois, à se replier en vue de ses quartiers d'hiver. Or, notre législation qui le considère comme oiseau migrateur, s'est montrée d'un illogisme tel qu'en certaines années où le froid et surtout les vents d'est se font sentir **de** bonne heure, c'est à peine si sur certains points **les chasseurs**, quand l'ouverture se fait tard, en **trouvent** quelques-uns. Ce qui n'empêche pas la **législation** de piétiner dans son illogisme et de permettre au printemps que des milliers de cailles soient capturées à leur arrivée dans nos climats et vendues pour la plus grande gloire des gourmands. Le chasseur seul est lésé. Il n'a point droit à cette arrivée de l'oiseau de passage, de le tirer, parce que la chasse est fermée ; et lorsque, quatre mois après, elle s'ouvre, il n'a bien souvent, notamment dans le nord, que quelques retardataires à fusiller, et encore doit-il la plupart du temps cette aubaine à une prolongation anormale de beaux jours et à la persistance des vents d'ouest.

Avec le mode des ouvertures successives, bien des chasseurs pourront donc se livrer à la chasse de cet oiseau succulent, et qui, pour être des plus faciles, n'en comporte pas moins un divertissement aimable.

Ce que nous disons de la caille s'applique également au râle de genêt; celui-ci une fois les prairies artificielles rasées, se réfugie au centre des plaines pierreuses et dénudées, et devient alors inabordable.

Comme on a pu le voir, l'année cynégétique comprend à peu près les douze mois du calendrier grégorien. Si l'on en excepte juin, il n'est pas un mois où le chasseur soit absolument condamné au repos. La plaine, le bois, les étangs, les rivières, les grèves, la mer apportent tour à tour leur contingent pour satisfaire nos désirs sans cesse renaissants, et l'on peut, sans ressembler aux destructeurs qui tuent pour le plaisir de tuer, se livrer décemment et avec modération, presque chaque jour, à cette noble distraction de la chasse, exercice délectable entre tous, dont Gaston Phébus a dit : « qu'il n'y en a point qui récrée plus l'esprit, agilite le corps, aiguise l'appétit et donne plus de bon temps. »

CHARLES DIGUET

FIN.

TABLE DES MATIÈRES

—

Aux chasseurs.

Orléans. — Imp. G. MORAND, rue Bannier, 47.